小牛顿
动物生存高手

小牛顿科学教育公司编辑团队 编著

繁殖篇

U0346684

北京时代华文书局

目 录
contents

关于这套书

　　大自然奇妙而神秘，且处处充满危机，动物们为了存活，发展出种种独特的生存技巧。捕猎、用毒、模仿、角力、筑巢和变性，寄生与附生的生长方式。这些生存妙招令人惊奇，而动物们之间的生存竞争也十分精彩。

　　《小牛顿动物生存高手》系列为孩子搜罗出藏身在大自然中各式各样的生存高手，通过此书，不仅让孩子认识动物行为和动物生理的知识，更启发孩子尊重自然，爱护生命的情操。

求偶高手

本单元含视频

角力高手

▶ 本单元含视频

编织高手

性别转变高手

求偶高手

　　动物们为了在竞争激烈的大自然里，顺利繁衍下一代，延续生命，雄性无不使出浑身解数，向雌性展现出自己最好的一面，希望能被雌性挑选为最佳男主角！以鸟类来说，许多雄鸟会展现自己多彩的羽毛，吸引雌鸟注意，或是利用美妙的声音引起雌性的兴趣，有些雄鸟则以美妙的舞技，掳获雌鸟的欢心。外表美丽、舞蹈曼妙的雄鸟，较容易获得雌鸟的青睐，因为雄鸟的体格、动作，甚至美观的羽毛，都与身体的强健有关。选择体魄强健的雄鸟，才能增加子代存活的概率，让生命成功地延续下去。

扫描二维码回复【小牛顿】

即可观看独家科普视频

孔雀的雄鸟利用"开屏"展开羽毛，表现自己的壮大，并借由羽毛上鲜艳的色彩与图案，吸引雌鸟注意。

巴布亚企鹅在求偶期间，偶尔也会把头抬高，发出很大声的鸣叫，每一只的企鹅叫声都不同，发出叫声可以让对方在一大群企鹅中找到自己。鸟类经常使用叫声对同伴传达不同信息。

企鹅引吭高歌争取注目

　　企鹅是与伴侣厮守终生的鸟类，不过每到了求偶期，公企鹅还是会发出高亢的歌声，对母企鹅表达爱意，公企鹅会抬高头大声高歌，不仅表达出求偶信号，也让母企鹅可以在一大群的同类中，很快地找到另一半。鸟类的求偶方式中，利用叫声唱歌，是吸引同类最直接的方式，因为在大自然中，要找到同类不容易，而叫声能传得远，因此利用叫声是必备的第一步，透过歌声让雄鸟与雌鸟相遇，才能有其他表达爱意的方式。

确认伴侣后，巴布亚企鹅才会一起用石头筑巢、孵蛋、养育小宝宝。

雌鸳鸯的羽色并不鲜艳，与雄鸳鸯交配后，雌鸳鸯会独自负担起孵蛋与育雏的工作。而雄鸳鸯则会继续吸引其他雌鸳鸯，生更多小宝宝。

鸳鸯 美丽羽衣很夺目

　　雄鸳鸯平常的羽色很朴素，不过一到了求偶期，身上原本朴素的羽毛会全数换新，雄鸳鸯摇身一变，变成色彩缤纷，十分引人注目的羽色。这种求偶期才会换上的羽毛，称为"繁殖羽"。雄鸳鸯的繁殖羽，不仅颜色缤纷，羽毛的造型也很特别，它的身体两侧有像船帆一样的羽毛，以独特造型吸引雌鸳鸯的注意；许多水鸟也都有繁殖羽，鸟类的繁殖羽是向异性展现自己身体健康，能够生下健康后代的展现方式之一。

雄军舰鸟利用红色的喉囊求偶，展示喉囊时，除了尽量鼓大喉囊外，雄军舰鸟还会把双翅打开，并发出叫声，展现出自己最健美的体魄。

喉囊

军舰鸟 艳丽喉囊展雄风

　　军舰鸟是一种大型的海鸟，除了自己捕鱼外，也经常抢劫其他海鸟捕的鱼，它黑色的羽毛并不鲜艳，但雄鸟脖子处的红色喉囊，却像个红色的超级大气球，非常引人注目。每当繁殖期间，雄鸟为了要吸引雌鸟注意，它会鼓胀起红色的喉囊，并且左右晃动喉囊，展示给雌鸟看。雌鸟看到喜欢的雄鸟时，也会磨蹭雄鸟的喉囊表示爱意。雄鸟的气囊越大，表示身体越强健，未来不管捕食或抢夺食物，都能喂饱孩子。因此，雌鸟才愿意与它共同生育小宝宝。

蓝色脚丫是蓝脚鲣鸟求偶时展现的重点之一，因为鲜艳饱和的蓝色，代表身体健康，可以生下健康的后代。雌鸟接受雄鸟的求偶后，会重复雄鸟的动作，这时它们看起来就像是跳着双人舞蹈。

蓝脚鲣鸟 用蓝色大脚跳滑稽舞蹈

　　生活在科隆群岛上的蓝脚鲣鸟，它们有着宽厚的翅膀，和一对特别的蓝色大脚，它们会借由跳舞表达爱意，因此，蓝色大脚是它们求偶时必须展现的重点。雄蓝脚鲣鸟的求偶舞蹈，从雄鸟向雌鸟轮流展示左脚与右脚的蓝色脚丫开始，它们一边展示大脚，一边左摇右晃，动着身体，同时打开翅膀展现滑稽的舞姿。虽然雄鸟跳得很笨拙，雌鸟却会仔细观察它们的舞蹈，当雌鸟跟着雄鸟一起跳舞时，就代表雄鸟求爱成功，雌鸟已经喜欢上它们了。

丹顶鹤的双人舞蹈十分美妙，常可见它们一方弯腰，另一方伸长脖子展翅，就像是跳舞前的鞠躬行礼动作。除了跳舞外，丹顶鹤也会发出鸣声，同时唱和的二重唱，培养双方的默契。

丹顶鹤双人舞蹈表达爱情

　　雄丹顶鹤的求偶并不是展现华丽鲜艳的外表，而是借由舞蹈动作，向雌鸟展现自己的爱意。虽然丹顶鹤一旦认定配偶后，将一生互相守候，不再更换配偶，但是，每年繁殖季，雄鸟仍会跳求偶舞向雌鸟求爱，丹顶鹤的舞蹈动作很多，有弯腰低头，也有抬头振翅、奔跑跳跃的动作，雌鸟也会配合雄鸟的舞蹈，跟着它翩翩起舞，展现同上同下跳跃奔跑的双人舞。进行一系列求婚仪式后，它们才会开始筑巢、产卵、生小宝宝。

北美䴙䴘 水上舞蹈

北美䴙䴘也是用舞蹈求偶的鸟类，它们的双人舞蹈不仅是会做出相同的动作，它们还会同时在水上奔跑，就像是表演水上特技一样。䴙䴘是潜水高手，潜入水中捕捉鱼类，是很重要的生存技能，因此，在求偶时，雄鸟也会潜入水中捕鱼，再浮出水面送给雌鸟，捕得越多就表示越有能力照顾小宝宝，也才能赢得雌鸟的喜爱。当雌鸟接受了雄鸟的追求，就会开始演出一场精彩的双人水上奔跑绝技，来展现对彼此的爱意。

北美䴙䴘会在水草丛中筑巢孵卵，等小宝宝孵化后，鸟会将宝宝载在背上，捕捉小鱼喂养。

北美䴙䴘的双人舞蹈就像是惊人的水上特技一样，考验着技术与体力。

15

栗喉蜂虎擅长捕食昆虫，尤其以蜜蜂、胡蜂等为主，所以有"蜂虎"之名。它们的喙弯曲、前端尖锐，能在飞行中猎捕昆虫。

翠鸟是捕鱼高手，会潜入水中抓鱼，求偶期间，送鱼就是最好的定情之物，送得越多，越能赢得雌鸟欢心。

栗喉蜂虎 · 翠鸟 送大礼得欢心

栗喉蜂虎擅长捕食昆虫，在求偶期间，雄栗喉蜂虎会捕捉美味的昆虫，献给雌鸟，以获得雌鸟的欢心，而送食物可以提供雌鸟产卵育雏的营养。雄翠鸟也会送礼给雌翠鸟，它们会在树枝上俯冲捕鱼，并将自己捕捉的小鱼送给雌鸟。鸟类借着献上自己辛苦猎捕的食物，展现优秀的猎食能力，作为求婚的信物，如果对方接受了，则代表已接受求婚，可配对成伴侣。对雌鸟来说，并不只受到美味食物的吸引，可借此评断对方捕猎食物的能力。能找到充足的食物，提供雌鸟及幼鸟更充足的营养，有利于下一代的生存。

生活在新几内亚及澳大利亚的园丁鸟，约有 20 种，不同种类的园丁鸟所偏好收集的装饰物品也不同，例如白色石头、红色花、黄色果实等，只要能够成功吸引雌鸟靠近即可。雄鸟建造的凉亭并不会作为孵化育雏的地点，雌鸟会另外筑巢产卵。

园丁鸟 盖房送房得佳人

　　雄园丁鸟是鸟中艺术家，它们求偶时，会用树枝建造凉亭，并费心收集许多物品装饰，例如贝壳、果实、花朵等各式物品或色彩鲜艳的东西，并摆设在凉亭周围，妆点它的凉亭，吸引雌鸟前来。挑剔的雌鸟会拜访多个凉亭，寻找自己最满意的凉亭，才会进入凉亭中，等待凉亭主人出现。园丁鸟的凉亭设计与摆设，表现出雄鸟头脑的聪明与灵活度，雌鸟透过凉亭摆设选择伴侣，可确保下一代更聪明、更强壮。

雄园丁鸟所盖的小凉亭和摆饰，主要是吸引雌鸟前来，雄鸟会借由雌鸟停留时，送礼物和跳舞，赢得雌鸟的喜爱，才有机会进行交配。

19

生活在非洲的长角羚，头上有又长又直的角，角是它们防卫猎食者的武器。繁殖期时，公长角羚则会用长角互相搏斗，争夺繁殖的机会。

角力高手

　　繁殖期是动物们最重要的时刻，为了博得异性的青睐，争夺交配权，在繁殖期经常能看到雄性动物之间的角力与打斗，虽然这些打斗看起来凶猛，但却也是君子之争，不会有致死的伤害。战斗优胜者能得到繁殖的机会、最棒的活动领域以及食物和水源，同时透过竞争，也能选拔出身强力壮的优胜者，通常优胜者的下一代生存的概率也比较高，有利于整体族群的生存。

扫描二维码回复【小牛顿】

即可观看独家科普视频

大象的主要武器是象鼻子与长牙，象鼻子十分灵活，力气也很大。

公象以象牙和长鼻子为武器

大象体型很大，凭借着体型的优势，几乎没有天敌。平常象群平和、相安无事一起生活。不过到了求偶期，成年公象因为身体内荷尔蒙的变化，脾气变得非常暴躁，而且为了争取母象的注意，公象间常会大打出手。公象会展示彼此的象牙，甚至会用上自己灵巧又有力的象鼻子，互相撞击拉扯，上演一场角力大赛，借由战斗赶走对手，并争取母象的喜爱，达到繁衍的目的。

公象求偶期又称狂暴期，原本温和的个性会转变成好斗，具危险性。通常发生在 25 岁以上的公象，每次会持续 1 到 4 个月。狂暴期的公象，眼睛和耳朵间的腺体流出气味浓厚的分泌物，具攻击性，还会发出叫声。

23

长颈鹿用长脖子打架

　　草原上的长颈鹿平常看起来性情温和，总是优雅的咀嚼树梢高处的嫩叶，但在求偶期间，也会性情大变，成为凶狠的战斗者。长颈鹿的打斗武器，就是它们强壮的长脖子。长颈鹿之间的斗争会先从较量体型开始，长颈鹿会用重约1300千克的体重推挤碰撞对方，然后双方再用力将长脖子甩向对方，头击对方的身体，攻击时，身体会持续推挤对方，直到对方认输。战斗胜出的公长颈鹿将赢得母长颈鹿的芳心，才有机会和母长颈鹿一起生小宝宝。

长颈鹿的决斗会先互相推挤，然后以很快速度将脖子甩向对方，撞击声响可传出 100 米远，战斗可能持续半小时以上，可能会引起下巴、脖子骨折。

25

袋鼠 强而有力的后脚

袋鼠是澳大利亚特有的动物，它们移动时是用后脚跳跃，长尾巴十分有力，功能很多。求偶期时，公袋鼠间经常利用后脚与尾巴上演拳击擂台战。战斗开始时，公袋鼠双方都会采取跳起用后脚踢击对方腹部的招式，也会采用以前爪攻击对方头部、肩膀与胸部的方法，最猛烈的一招，袋鼠会跳起，用强壮的尾巴撑住身体，再以双脚同时狠踢对手腹部。这一踢非常猛烈，若被踢中，就只好认输败阵了。

袋鼠强壮有力的尾巴除了跳跃时可维持身体平衡之外，当争斗时还足以支撑起自己整个身体，腾出两只后腿飞踢对方。袋鼠间常有打斗发生，除了争取异性注意，争取有限的水源和领地都是打斗原因。

河马 大嘴尖牙谁敢惹

河马喜欢泡在水中，除了觅食时会上岸吃草，几乎整天都泡在水里，在水中只露出耳朵与眼睛，看起来安静温驯。不过为了交配权，公河马之间的打斗，可是非常激烈，让人看了胆战心惊。打斗时，公河马会突然冒出水面，张开大嘴，露出长牙，用大嘴互相推挤，试图用牙齿咬对方，它们的牙齿可以长到50厘米长，攻击时咬合力惊人，可以刺穿对方的皮肤，被咬的一方，很有可能会受伤流血。

河马最大的武器是它们的大嘴巴和牙齿，嘴巴的颚部关节靠近后方，所以嘴巴可以打开到 150 度，大得能咬住对方的头，坚硬的牙齿则狠咬对方，决斗中它们甚至会用大便当暗器，甩向对方。

加拿大马鹿角力大对决

　　生活在北美洲的加拿大马鹿，平常公鹿是单独生活，在繁殖季节它们会靠近母鹿群，找寻伴侣，公鹿头上那对像树枝杈状的鹿角就是吸引母鹿的炫耀特征，也是争夺交配权的武器。对决时，公鹿先以 300 多千克的庞大体型低头撞击对方，巨大的力道让鹿角撞击出噼啪的响声，接着架住对方的鹿角使劲扭曲，抵抗对方施加的力道，同时发出咆哮声，不分胜负，绝不罢休。

加拿大马鹿是世界上大型鹿科动物之一，公鹿才有鹿角，鹿角春季生长、成长时鹿角表面会覆盖一层皮肤，用以提供血液及营养。鹿角完全长成后，皮肤层即会脱落，露出鹿角。繁殖期过后，鹿角会脱落。

犀金龟 犄角和双钳的角力高手

　　每年的繁殖期，常看到雄犀金龟缠斗在一起，它们为了可以获取交配权，正努力的用它们头上突起的犄角来推挤对手。雄犀金龟的犄角前端像树枝一样分岔，攻击时，雄犀金龟会用犄角冲撞对手，抓住对方后，头往上一抬，用犄角将对手顶向空中，扳倒对手，就像是摔跤比赛时选手所用的过肩摔招式。获胜的雄犀金龟才有机会与雌犀金龟交配。

雄犀金龟也会用犄角与其他昆虫打架抢夺食物，也会翻倒其他雄犀金龟，取得领地和交配权。

编织高手

　　动物们为了让下一代能够在安全的地方安心长大，除了寻找不受打扰的地方外，有些动物还会自己动手用不同材料编织出网或巢。这些动物的手艺非常灵巧，编织的功夫很好，编织成果让人叹为观止，这些网或巢提供下一代遮风避雨的地方，后代在巢中顺利长大，延续物种生命。

动物们繁殖后代时，会寻找安全的地方，有些动物在树洞中养育后代，有些动物选择地洞为育幼地，许多鸟类会发挥高超的编织能力，自己为后代编织一个最适合的巢。鸟类编织巢的材料通常是树叶或枯枝，东方白鹳会收集枯枝，在高处编织巢来繁殖后代。

织布鸟的鸟巢通常是由公鸟制作，当快完工时需要经过母鸟的检验，获得母鸟的肯定后，公鸟才会继续完成鸟巢，不然只好重新编织。为了争取母鸟的青睐，织布鸟无不精心打造完美的鸟巢。通过母鸟挑选后的鸟巢，公鸟会继续制作完成鸟巢的通道入口，母鸟则在鸟巢内填充柔软的草及羽毛等，完成鸟宝宝的温暖小窝。织布鸟的种类很多，不同织布鸟织出来的巢也长得不一样。

织布鸟 编织鸟巢第一名

　　织布鸟的鸟巢非常精致，它们就地取材，用细长的稻叶与棕榈树叶，灵巧的喙不仅能将叶片撕成细长条形，还能打结、编不同花样。织布鸟先在树枝上将长条状的叶片在枝条上打结、缠绕、固定，重复步骤，编织成稳固的环，再逐渐编织成水滴状的鸟巢。一个鸟巢大约需要来来回回500次，带回合适材料才能编织完成。织布鸟鸟巢十分稳固，架设在小树枝末端也不会掉落，因为鸟巢很轻，有些织布鸟还会在巢里放置小石头，以增加稳定度。织布鸟的鸟巢大多悬吊在河岸边的树上，防止猴子攀爬，让后代远离危险，安心长大。

巨大的织巢鸟鸟巢下方有许多出入口，每一个入口进去就是一个独立的小鸟巢，可供 3～4 只鸟一起生活。大鸟巢有隔热的效果，即使在炎热的白天鸟巢里很凉爽，寒冷的夜晚鸟巢则很温暖。平常织巢鸟也会收集枯草或树枝，时常整理维护鸟巢的舒适。

织巢鸟 大型鸟巢公寓

　　生活在非洲的织巢鸟，喜欢住在一起，它们会在刺槐树上，一起编织出长达9米宽的巨大鸟巢，可以让300～400只织巢鸟居住，就像是公寓一般。巨大鸟巢是由独立的小巢集结形成的。织巢鸟会挑选树枝、茅草与有刺的枝条，用来制作鸟巢的不同部位。它们用嘴喙衔来树枝，用一个个树枝、干草累积编织搭建而成，每个巢有独立的通道，最后屋顶则由大家合作完成。制作完成的鸟巢可以一代代居住，甚至可以用上一百年。织巢鸟的群体会互相照顾幼鸟、彼此看顾，也因为团结合作、互相帮助，让它们更有生存下来的机会。

编织蚁过着分工合作的团体生活，工蚁筑巢时，利用大颚将叶片拉近，再利用幼蚁吐丝将叶片黏接。工蚁抱住幼蚁用触角轻触幼蚁，似乎在释放信号，告诉幼蚁开始吐丝或可以停止了。制作好的叶片蚁巢可以达到半米宽，几乎能在 1 天内就完成。

编织蚁 裁缝技术一流

　　编织蚁生活在热带森林里，它们的巢并不像鸟类一样是收集树叶或是枯枝做成的，它们的巢是直接用枝条上的叶片做成的。负责制作蚁巢的编织蚁工蚁，先挑选好筑巢的位置并且选择适合的叶片，如果两片叶片太远，工蚁们便通力合作，一只抓住另一只的腹部像搭桥似的抓住叶片，然后协力把叶片拉近。工蚁再利用幼蚁吐出的黏黏丝线，将叶片粘合起来，就像在叶片上涂满黏胶一样，一片片叶子粘成球状。制作完成的叶片蚁巢，蚁后能安心地在里面产卵，也是幼蚁成长的家。

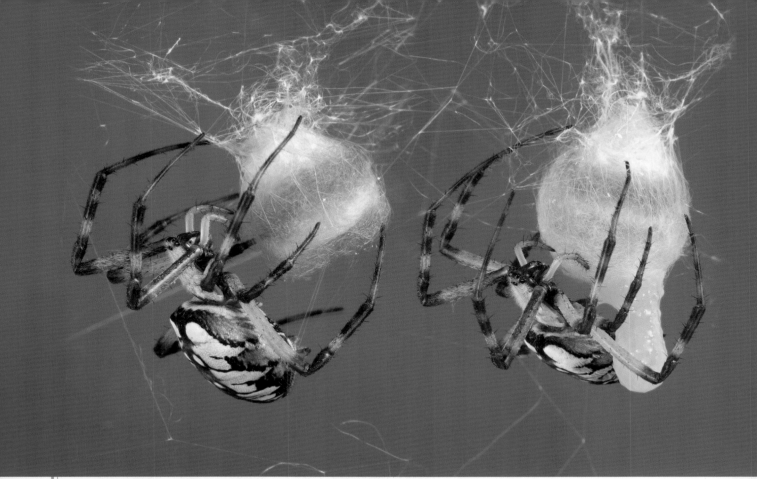

各种蜘蛛的卵囊都不太相同，有的会将卵产在叶子上，有的则是悬挂在半空。蜘蛛用来制作卵囊的蜘蛛丝构造与蛛网的不同，所以卵囊很坚固，不容易被破坏。有些蜘蛛还会随身带着卵囊，直到小蜘蛛孵化出来。

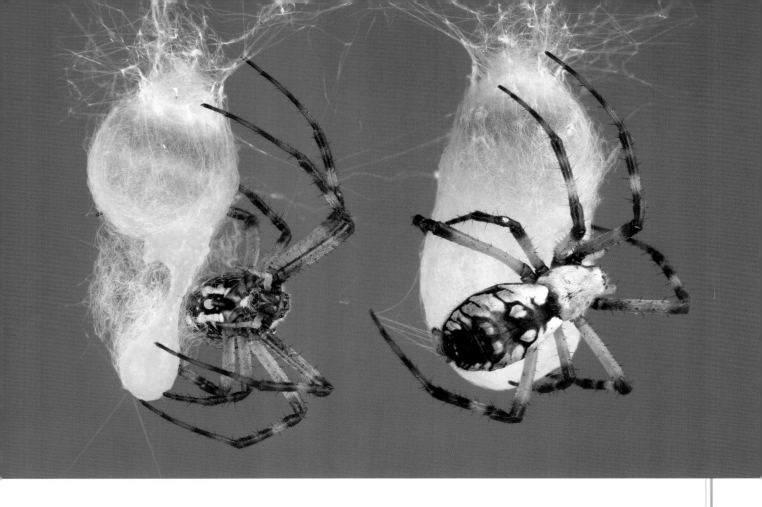

蜘蛛织卵囊护卵

　　蜘蛛的蜘蛛丝功能很多，不仅可以做成蛛网，捕捉猎物，它们的蜘蛛丝还能够保护它们的后代。雌蛛在产卵前，会先用蜘蛛丝做成一个丝线密集的小网，然后将卵产在上面，再继续用蜘蛛丝将卵整个包住。蜘蛛的卵囊十分坚固，可以提供保护，避免卵被吃掉。不同种类的蜘蛛，它们的卵囊形状都不相同，有些蜘蛛还会在卵囊附近守护，有些蜘蛛甚至会将卵囊随身携带，时时刻刻地保护它。蜘蛛丝的强韧结构，让卵受到保护，提高卵的存活率。

许多鱼类都有性别转换的情形，有的是从雄性变雌性，有的是从雌性变成雄性。转换性别时，有些种类外表会发生变化，有些则不会。石斑鱼也会转变性别，小时候全是雌性，长大后性别才会转变成雄性。

性别转变高手

　　大部分动物的性别受遗传物质决定，但是，有些动物的性别是受环境所决定。因此，环境温度、食物等因素，常影响这些生物群体中的性别分布。还有些动物为了确保可以有效地繁衍子代，更演化出性别转换的能力，这些动物会随着年龄增长，或是环境的变化而转换性别，这些不可思议的动物性别决定与转换机制，都是为了让族群能在最有利的条件延续下去，所演变出的繁殖策略。

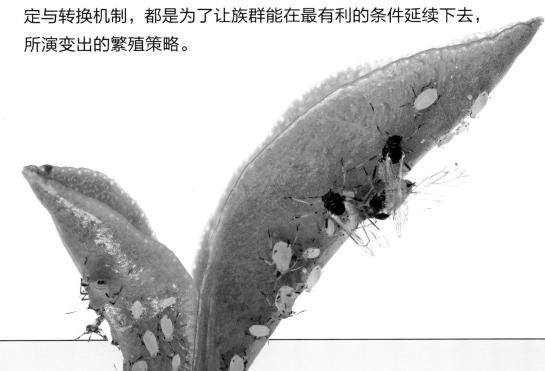

小丑鱼 由雄变雌为后代

　　所有刚出生的小丑鱼都没有性别，它们的性别必须长大到一定程度，有了群体地位后才会表现出来。通常小丑鱼会一群共同生活在同一朵海葵上，群体中体型最大的小丑鱼转变为雌性，体型第二大的则为雄性，其他小鱼仍无性别。只有雌鱼与雄鱼可以繁衍下一代。当雌鱼死亡时，雄鱼则转性变成雌性，接替繁衍后代的任务，而剩下的小丑鱼中体型最大的则转变为雄性。小丑鱼性别的决定，会随着族群的需求，转变成不同的性别，体型大的雌鱼能够产下更多卵，更有利于族群的繁衍。

小丑鱼幼鱼时期即具备雄雌两种性腺，只是雌性不发育，或雄性生殖器官先成熟，转性时则是雌性生殖器官转变成熟，才能产卵，繁衍后代。雌雄鱼会轮流照顾卵，还会制造水流，增加氧气的流动。

小丑鱼的群体中，雌鱼地位最高，接下来是雄鱼，平常只有雌鱼跟雄鱼可以躲在海葵中，其他小丑鱼只有危险时才能躲进海葵。

隆头鱼 由雌变雄为生存

　　隆头鱼的性别转换，是从雌性变成雄性。通常年龄已到或是体型够大的雌鱼，才可以变成雄鱼。隆头鱼很特别的是，当转换性别时，连外观也会跟着转变，最明显的就是头部上方会出现很明显的隆起，而且身体的颜色也会同时发生改变，体型通常也会变大，因此从外观就可以明显辨别出雄隆头鱼与雌隆头鱼。不同种类的隆头鱼从雌变雄的原因不同，有可能受到环境影响，或是群体中原有的雄鱼已年老，这时出现新的雄鱼取代原有的雄鱼。隆头鱼的特殊转性，让它们繁殖成功率大增，确保族群能够继续延续下去。

雌鱼

雄鱼

雌鱼

美丽突额隆头鱼，雌鱼全身都是红色，且额头没有突起。当转变成雄鱼时，只有身体中间有部分红色，其他地方转变成黑色与白色，额头也出现了明显突起。

蚜虫 环境改变性别

　　蚜虫的繁殖方式很奇特，它们能进行"孤雌生殖"，也就是不需要与雄性交配，雌性就能单独生下小蚜虫。而且蚜虫后代的性别，还与环境有关，在春季和夏季，气温在 16～22 摄氏度，雌蚜虫会以孤雌生殖的方式繁殖后代，所有出生的蚜虫宝宝都是雌性。到了秋天气温较低时，雌蚜虫则会产下雄蚜虫，这时期，雌雄蚜虫为了让后代可以度过低温的冬天，它们会交配、产卵，让卵度过冬天，到了春天再孵化。蚜虫以不同的繁殖方式因应环境的改变，让族群可以持续繁衍下去！

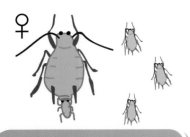

春天从卵孵化出来的无翅雌蚜虫，进行孤雌生殖。

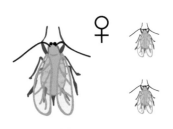

夏天产出有翅膀的蚜虫，继续进行孤雌生殖。

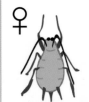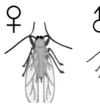

秋天产出有翅的雌蚜虫和雄蚜虫，交配产卵。

冬天太冷，蚜虫以卵的形态度过冬天。

蚜虫群中经常可以看到大大小小，甚至有翅膀的蚜虫，这与季节和环境状况有关。

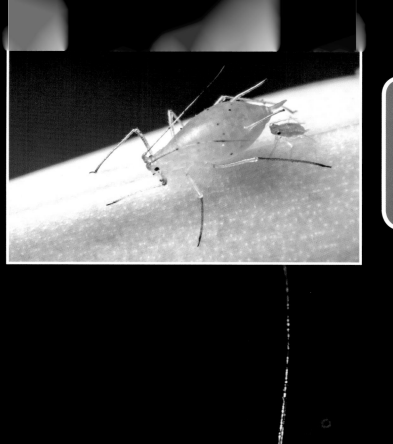

蚜虫的繁殖力惊人，雌性蚜虫一生下来就能够生育，大约 5 天就能繁殖一代，一年可以繁殖将近 30 代。蚜虫不只会进行"孤雌生殖"，还有特殊的卵胎生方式，胚胎在妈妈的卵巢管内发育，可以直接生下小蚜虫。

蜜蜂 蜂王决定性别

　　蜜蜂是有组织、高度社会化的昆虫，每个蜜蜂巢里，只有一只蜂王，蜜蜂群的性别比例是由蜂王所掌控。蜂王一生不断地产卵，蜂王将雄蜂的精子储存起来，决定卵是否要受精，没有受精的卵则发育成雄蜂，受精后的卵孵化成雌性的工蜂，这些工蜂全都是雌性，负责采花蜜、筑蜂巢、清扫蜂窝、喂养刚孵化的幼蜂。蜂巢里只有少数的雄性，也就是雄蜂，它们唯一的工作就是负责与处女蜂王交配，然后死去。靠着为数众多的工蜂，才能建立出阵容坚强的蜜蜂王国。

工蜂是支撑蜜蜂王国重要的成员，它们各自分工，负责各自的角色，使族群繁盛的成长。

蜂王

每个蜜蜂巢里只有一只蜂王，约 2 千到 6 万只工蜂，0 ～ 500 只雄蜂。蜂王的生殖系统健全，一生中几乎一直不停地产卵。工蜂都是雌蜂，但没办法产卵。

受精卵细胞

未受精卵细胞

所有的蜜蜂在出生前就已经由蜂王决定好性别，工蜂和蜂王都是雌性，不过，长大过程中，工蜂会以不同的食物喂养，以决定它最后发育成工蜂或蜂王。

工蜂

蜂王

雄蜂

海龟温度改变性别

海龟妈妈上岸产下的卵是雄性还是雌性，仍是未知数。因为海龟的卵在胚胎阶段并没有性别之分，直到在孵化的过程中，受到环境温度的影响，才决定了破壳而出的小海龟性别。在温暖的环境下，诞生的海龟中，雌海龟的比例比较高，而在稍微凉爽的环境下，则是雄海龟的比例高。鳄鱼卵也是同样情形，由环境的温度来决定性别，可能是因为在温暖的环境下，食物充裕，雌性多可以繁衍更多后代，以确保族群的繁衍。

海龟在海边沙滩挖洞产卵，卵窝深度约 50 ~ 80 厘米深，卵孵化的时间约 50 天。

图书在版编目（CIP）数据

动物生存高手. 繁殖篇 / 小牛顿科学教育公司编辑团队编著. —— 北京 ： 北京时代华文书局，2018.8
（小牛顿生存高手）
ISBN 978-7-5699-2486-2

Ⅰ．①动… Ⅱ．①小… Ⅲ．①动物－少儿读物 Ⅳ．①Q95-49

中国版本图书馆CIP数据核字(2018)第146522号

版权登记号 01-2018-5055

本著作中文简体版通过成都天鸢文化传播有限公司代理，经小牛顿科学教育有限公司授权中国大陆北京时代华文书局有限公司独家出版发行，非经书面同意，不得以任何形式，任意重制转载。本著作限于中国大陆地区发行。

文稿策划：潘美慧、蔡依帆、刘品青
图片来源：
Shutterstock：P2～56
Dreamstime：P55海龟
插画：
Shutterstock：P2、P5、P22、P26、P53蜜蜂
牛顿 / 小牛顿资料库：P40
杨力蒨：P50、P53细胞

动 物 生 存 高 手　 繁 殖 篇
Dongwu Shengcun Gaoshou　Fanzhi Pian

编　　著｜小牛顿科学教育公司编辑团队

出 版 人｜王训海
选题策划｜王训海
责任编辑｜许日春　沙嘉蕊
校　　对｜张小蜂
装帧设计｜九　野　孙丽莉
责任印制｜刘　银

出版发行｜北京时代华文书局 http://www.bjsdsj.com.cn
　　　　　北京市东城区安定门外大街138号皇城国际大厦A座8楼
　　　　　邮编：100011　电话：010-64267955　64267677
印　　刷｜小森印刷（北京）有限公司　010-80215073
　　　　　（如发现印装质量问题，请与印刷厂联系调换）
开　　本｜889mm×1194mm　1/20　印　张｜3　字　数｜37.5千字
版　　次｜2018年8月第1版　　印　次｜2018年8月第1次印刷
书　　号｜ISBN 978-7-5699-2486-2
定　　价｜28.00元